LES MOUVEMENTS DES CORPS CÉLESTES ET LES PRINCIPAUX PHÉNOMÈNES QUI EN RÉSULTENT

DÉMONTRÉS A L'AIDE DES APPAREILS COSMOGRAPHIQUES

De M. Henri ROBERT, horloger
de la marine de l'État,
chevalier de la Légion-d'Honneur, auteur de
plusieurs ouvrages sur l'horlogerie.

ADOPTÉS PAR TOUS LES LYCÉES DE PARIS

Et les principaux
établissements d'instruction publique.

DEUXIÈME ÉDITION.

PARIS
CHEZ L'AUTEUR, RUE DU COQ, 8.
1852

LES MOUVEMENTS

DES CORPS CÉLESTES

DÉMONTRÉS A L'AIDE

D'APPAREILS COSMOGRAPHIQUES

CET OUVRAGE SE TROUVE CHEZ :

Bachelier, quai des Augustins, 55.

Borrani et **Droz,** rue des Saints-Pères, 7.

Bossange (Hector), quai Voltaire, 15.

Carilian-Gœury et **Dalmont**, quai des Augustins, 49.

Colas (Louis), rue Dauphine, 26.

Delalain (Jules), rue Sorbonne, 1.

Desobry et **Magdeleine**, rue des Maçons-Sorbonne, 3.

Hachette (Louis) et **C^e^**, rue Pierre-Sarrazin, 14.

Lecoffre (Jacques) et **C^e^**, rue du Vieux-Colombier, 29.

Ve Maire-Nyon, quai Conti, 13.

Mathias (Augustin), quai Malaquais, 15.

Perisse frères, rue Saint-Sulpice, 38.

Pillet aîné, rue des Grands-Augustins, 5.

Renouard (Jules) et **C^e^**, rue Tournon, 6.

MM. les libraires et les commissionnaires de Paris se chargent d'expédier à leurs correspondants étrangers les appareils cosmographiques.

Imprimerie de Pillet fils aîné, rue des Grands-Augustins, 5.

LES MOUVEMENTS

DES

CORPS CÉLESTES

ET LES

PRINCIPAUX PHÉNOMÈNES

QUI EN RÉSULTENT

DÉMONTRÉS A L'AIDE DES APPAREILS COSMOGRAPHIQUES

De M. HENRI ROBERT, horloger
de la marine de l'État, chevalier de la Légion-d'Honneur, auteur
de plusieurs ouvrages sur l'horlogerie.

ADOPTÉS PAR TOUS LES LYCÉES DE PARIS

et les principaux établissements d'instruction publique.

DEUXIÈME ÉDITION.

PARIS
CHEZ L'AUTEUR, RUE DU COQ, 8.

1852

AU LECTEUR.

A diverses époques on a construit des machines destinées à représenter les phénomènes célestes, et surtout à reproduire notre système solaire entier. Ces machines étaient compliquées, dispendieuses et incommodes; elles se prêtaient mal à la démonstration des phénomènes particuliers. Elles sont abandonnées.

L'auteur des nouveaux appareils a suivi un autre système. A l'exemple du professeur qui trace sur le tableau une figure différente pour chaque chose à expliquer à l'élève, il a construit un appareil spécial pour chaque ordre de phénomènes résultant d'une même cause. Ainsi le double mouvement de la terre sur son axe et dans son orbite, représenté par une machine, explique les saisons, le plus ou le moins de longueur des jours et des nuits, le temps vrai, le temps moyen, le temps sidéral, etc. Un autre appareil montre le mouvement de la lune, l'obliquité de son orbite sur le plan de l'écliptique , la rétrogradation des nœuds, les conditions nécessaires pour qu'il y ait éclipse, la différence entre les révolutions lunaires qu'on nomme synodiques, périodiques et sidérales, etc., etc. D'autres appareils montrent les stations et les rétrogradations des planètes, la précession des équinoxes, les librations de la lune, ses phases, etc.

Ces phénomènes, si difficiles à saisir par le secours des figures seules, deviennent évidents dans ces instruments. Les lignes, les plans, les cercles se meuvent sous la main du professeur, l'élève voit les corps célestes marchant dans l'espace, il touche et suit des yeux les plans et les lignes au lieu de chercher à les deviner. Il en résulte que les sujets d'élite apprennent sans effort, et que les intelligences moins développées comprennent ce que des figures ne leur auraient jamais fait apercevoir.

Pour faciliter ainsi l'enseignement, il ne suffisait pas de comprendre les phénomènes, de les exprimer par des organes mécaniques, de faire des appareils figuratifs des mouvements des corps célestes, il fallait encore les produire à peu de frais pour que le prix ne fût pas un obstacle à leur emploi, même dans les établissements peu aisés. Les efforts de l'auteur ont surmonté tous les obstacles. Ses collections sont demandées par les professeurs, elles plaisent aux élèves en les instruisant, et l'achat n'en est pas onéreux, même pour les établissements les plus minimes.

Ces appareils ne pouvaient être livrés et surtout expédiés au loin sans qu'une description les accompagnât.

La première édition de celle-ci a paru dans les bulletins de la Société d'Encouragement pour l'industrie nationale de l'année 1851. Le tirage qui avait été fait à part étant épuisé, on a dû donner cette seconde édition et ajouter à quelques passages des développements que la forme du bulletin n'admettait pas.

MM. les professeurs ne peuvent demander à un mécanicien qu'une simple explication de son œuvre, on ne trouvera donc ici que ce qui leur est rigoureusement indispensable pour leur épargner l'étude des appareils, et leur présenter quelques exemples des usages qu'on peut en faire dans l'enseignement ; ils sauront en étendre les applications. Si l'auteur a quelquefois rappelé le phénomène, ce n'a pas été pour l'expliquer à ceux qui le connaissent si bien, mais pour que la forme dans laquelle il le reproduisait rendît l'intelligence du mécanisme plus facile.

Les demandes très-fréquentes d'explications sur ces appareils, qui lui sont adressées, l'ont engagé à présenter ici la description de manière à ce que le professeur puisse juger s'il lui convient d'avoir recours à ces moyens. Cependant il est permis d'espérer que, lors même qu'on ne les emploierait pas, on trouverait dans les formes et les mouvements de ces machines, dont on se fera aisément une idée, des choses qui faciliteraient l'explication purement orale.

Les personnes éloignées et qui ne comptent pas assez sur elles-mêmes pour juger d'après une description de quelle utilité pourraient être ces appareils, demandent quelquefois s'ils sont déjà employés dans de grands établissements, et comment ils ont été jugés par les sommités de l'Université.

Les faits suivants paraissent le meilleur moyen de les éclairer à cet égard.

M. le professeur Cortambert, à qui ces appareils avaient été soumis, en fit l'essai sur ses élèves et les communiqua à la Société géographique; ce fut là que M. Poirson, proviseur du lycée Charlemagne, les vit, et peu de temps après il réunit M. le censeur et tous les professeurs de sciences de son lycée qui, pendant une longue séance, examinèrent dans le plus grand détail le parti que l'enseignement pourrait tirer de ces nouveaux moyens.

Ces messieurs ayant reconnu d'un avis unanime que l'emploi de ces appareils faciliterait beaucoup l'explication des phénomènes difficiles à entendre, il fut décidé qu'on s'en servirait immédiatement dans ce lycée.

Dès le lendemain, le collége Sainte-Barbe, ayant eu connaissance de ce qui avait été examiné au lycée Charlemagne et de la résolution qui y avait été prise, MM. Blanchet, directeur des études, et Delaunay, professeur, s'occupèrent de ces appareils : le collége Sainte-Barbe s'en servit aussitôt.

C'était en juin 1851, les cours étaient alors à peu près finis dans tous les lycées, cependant M. Poulain de Bossay, proviseur de Saint-Louis, eut encore le temps d'en faire faire un essai dans son lycée.

Cette année (1852) tous les autres lycées de Paris les ont employés, et les grandes institutions ont imité cet exemple; plusieurs lycées des départements en ont fait usage, celui de Brest a été le premier. Les Facultés des sciences mêmes n'ont pas négligé ces moyens; M. Dupré, professeur d'astronomie à celle de Rennes, s'en sert dans son cours. Les grands séminaires de France et d'Espagne les emploient. Il y en a déjà à Constantinople, en Russie, etc.

Le nouveau programme de l'enseignement (xxv) prescrit l'emploi d'appareils uranographiques. En effet, d'une part, MM. Dumas et Leverrier, qui portent un intérêt si vif à l'enseignement, avaient examiné ces appareils, et, d'autre part, tout ce que Paris possède de professeurs éminents venait d'en constater les avantages dans la pratique; il n'en fallait pas plus pour faire introduire dans le programme la disposition qui s'y trouve.

M. Faye, membre de l'Institut, a cité ces appareils dans son *Traité de Cosmographie.*

En octobre 1852, ils furent présentés à Londres à MM. Airy, astronome royal, directeur de l'observatoire de Greenwich, de Morgan et Potter, professeurs au London-University-college, Hind, astronome, le docteur Blachhoffner et Longbottom, de l'institution royale Polytechnique, et autres, qui tous les honorèrent de leur approbation.

Parmi les professeurs il n'y a qu'un avis : Quand on possède des moyens de faire concevoir aisément ce qui serait très-difficile à comprendre sans leur secours, il faut les employer. L'élève et le maître ont déjà bien assez d'obstacles à surmonter sans laisser subsister ceux qui peuvent être aplanis.

On verra par les prix indiqués plus loin que la dépense très-minime ne sera point un obstacle à l'introduction de ces appareils dans tous les établissements qui ont la volonté de bien enseigner.

Liste alphabétique de Messieurs les professeurs et des institutions de Paris qui font usage des appareils cosmographiques décrits ici.

Depuis l'année 1851.

MM.	Barbet-Massin.	Institution de jeunes gens, école préparatoire.
	Cortambert.	Professeur.
	Delorme.	Professeur au lycée Charlemagne.
Mme	Deslignière.	Institution de demoiselles.
M.	Mage.	Institution de jeunes gens, école préparatoire.
	Ste-Barbe.	Collége.

Depuis l'année 1852.

MM.	Barbet, prof.	Institution de jeunes gens, école préparatoire.
	Bouquet. »	Lycée Bonaparte.
	Briot. »	Lycée Saint-Louis.
	Camus. »	Lycée Bonaparte.
	Catalan. »	Lycée Saint-Louis.
Mme	Chabouillé.	Institution de demoiselles.
MM.	Fabre. »	Lycée Saint-Louis.
	Faurie. »	Lycée Saint-Louis.
	Fougères. »	Lycée Louis-le-Grand.
	Garcet. »	Lycée Napoléon (Henri IV).
	Gachotte. »	Institution de jeunes gens.
	Genest. »	Lycée Charlemagne.

MM.	J. Genouille, pr.	Lycée Napoléon (Henri IV), enseignement particulier.
	Jauffret. »	Institution de jeunes gens, école préparatoire.
	Lecapelain.	Lycée Louis-le-Grand.
Mme	Legros. »	Institution de demoiselles.
MM.	Levi. »	Directeur des études mathématiques à l'institution Petit.
	Lionnet. »	Lycée Louis-le-Grand.
	A. D. Lourmand.	Du cours normal secondaire de la préfecture de la Seine.
Mme	Moisez. »	Institution de demoiselles.
M.	Orcel. »	Lycée Charlemagne.
Mme	Renard. »	Institution de demoiselles.
Mme	Saint-Clair. »	Institution de demoiselles.
Mlle	Tribou (Angéliq.)	Enseignement secondaire.
M.	Vernier. »	Lycée Napoléon (Henri IV).

On ne peut citer ici beaucoup d'autres professeurs qui, ayant trouvé les appareils dans les cabinets de physique des lycées, s'en sont servi sans que l'auteur ait été en rapport avec eux.

Ces noms suffisent, il n'est pas utile d'indiquer les établissements des départements qui suivent l'exemple donné par la capitale.

DÉNOMINATION DES APPAREILS

et phénomènes qu'ils expliquent.

1. **Saisons.** — Double mouvement de la terre sur son axe et dans son orbite. — Obliquité de l'axe de la terre sur le plan de l'écliptique. — Parallélisme constant de cet axe avec lui-même. — Saisons. — Équinoxes. — Solstices. — Temps vrai, temps sidéral, temps moyen, etc., etc.

2. **Phases** de la lune, révolution sur son axe.

3. **Éclipses.** — Obliquité de l'orbite lunaire sur le plan de l'écliptique. — Nœuds, leur rétrogradation, position des trois corps pour qu'il y ait éclipse, pourquoi il n'y en a pas à toutes les syzygies, révolutions synodique, sidérale et périodique, différence dans la durée de ces révolutions, etc.

4. **Précession des équinoxes.** — Mouvement conique de l'axe du monde autour de l'axe de l'écliptique, déplacement successif du pôle et des points équinoxiaux. — Différence entre la durée de l'année sidérale et celle de l'année équinoxiale, ou tropique.

5. **Stations et rétrogradations des planètes.** — Mouvement de la terre et d'une planète supérieure autour du soleil, lieu vrai, lieu apparent, mouvement réel, mouvement apparent de la planète supérieure, stations, rétrogradations, longitude héliocentrique, et longitude géocentrique.

6. **Librations de la lune.** — Révolutions de la lune autour de la terre. — Rotation sur son axe dans le même temps. — Parallélisme constant de cet axe avec lui-même. — Libration en longitude et en latitude.

PRIX DES DIVERSES COLLECTIONS, A PARIS,

NON COMPRIS L'EMBALLAGE.

Ces collections sont appropriées chacune à la destination indiquée, soit pour le volume, soit pour les phénomènes d'un ordre plus ou moins élevé qu'elles doivent expliquer : ainsi l'enseignement particulier et celui des pensions de demoiselles n'étant pas poussé ordinairement aussi loin qu'il l'est dans les lycées et les colléges, les collections nº 1 et 2 sont de trois appareils seulement. Celles nº 3, 4, 5 et 6 comprennent six appareils dont les dimensions sont de plus en plus grandes ; quelques-uns de ces appareils sont aussi de plus en plus compliqués.

Collection Nº 1. **pour l'enseignement particulier.** Les trois premiers appareils, très-petit modèle. 36 f.
— 2. **pour les pensions.** Les trois premiers appareils, plus grand modèle............... 70 fr.
— 3. **pour les colléges.** Les six appareils, petit modèle.................................... 140 fr.
— 4. **pour les lycées.** Les six appareils, moyen modèle.................................... 230 fr.
— 5. **pour les grands lycées.** Les six appareils, grand modèle.......................... 360 fr.
— 6. **pour les facultés.** Les six appareils, très-grand modèle.................................... 600 fr.

Les destinations indiquées ici n'ont pour objet que de donner une idée du plus ou moins d'importance des collections et faire comprendre qu'en général on prend des collections d'autant plus grandes que les auditeurs sont plus nombreux.

Globes terrestres ou célestes de 8 cent., 6 fr.; — de 15 cent., 12 fr.; — de 19 cent., 15 fr.; — de 22 cent., 18 fr.; — de 24 1|2 cent., 24 fr.

Sphère de Copernic de 16 cent. de diamètre, 18 fr.; — de 22 cent., 24 fr.; — de 25 cent., 28 fr.; — de 30 cent., 45 fr.

Expédition en France et à l'étranger de tous les articles utiles à l'enseignement de la cosmographie et de la géographie.

PRIX DES APPAREILS ISOLÉMENT :

	COLLECTION.			
	nº 3	nº 4	nº 5	nº 6
1 Appareil des saisons........................	30	50	120	170
2 — phases de lune............	12	22	30	60
3 — éclipses......................	40	55	65	130
4 — précession des équinoxes.	35	46	55	90
5 — stations et rétrogradations des planètes.............	30	50	70	100
6 — librations de la lune.... .	20	35	45	75
	167	258	385	625
En prenant une collection complète, le prix en sera réduit comme ci-dessus, savoir...	140	230	360	600

Prix des collections anglaises (ces collections, faites très-économiquement, sont construites d'après les indications données par les professeurs anglais) :

Collection de la grandeur des appareils de celle n° 4, mais d'une exécution courante, appareils plus simples....... 150 fr.

Collection dans les dimensions de celle n° 6, exécution courante, appareils plus simples.............................. 300 fr.

Si, dans une des collections n° 3, 4 et 5, on veut remplacer l'un des appareils qui en fait partie par un autre dépendant d'une collection plus chère, le prix est augmenté de la différence.

On demande souvent quelles sont les dimensions. Voici qui pourra en donner une idée suffisante. L'appareil des saisons est formé sur un plateau carré qui a, dans la collection n° 3, 31 centimètres de côté; dans celle n° 4, 45 cent.; dans celle n° 5, 60 cent.; dans celle n° 6, 1 mètre de côté.

L'appareil des stations et rétrogradations et celui des librations, qui sont également construits sur des plateaux carrés, ont : collection n° 3, 21 cent.; collection n° 4, 31 cent.; collection n° 5, 45 cent.; collection n° 6, 60 cent.

Celui de la précession des équinoxes dans la collection n° 3 a un équateur de 15 cent.; dans la collection n° 4, de 20 cent.; dans celle n° 5, de 25 cent.; dans la collection n° 6, l'équateur a également 25 cent.; mais dans cette dernière le mouvement du soleil est produit par un engrenage et une manivelle. Les autres appareils dont les dimensions seraient très-difficiles à exprimer sont proportionnés à ceux qui précèdent.

Nota. Pour la facilité des établissements éloignés qui voudraient faire un essai avant de prendre une collection, nous les engageons à demander l'appareil des éclipses de la collection n° 3 au prix de 40 fr. S'ils veulent ensuite le complément de cette collection, ils n'auront à payer que 100 fr. ; ou bien s'ils voulaient une collection plus grande, nous reprendrions l'appareil de 40 fr. en diminution du prix.

Sur la demande de quelques colléges on vient d'établir séparément :

L'appareil des éclipses, ou des trois corps, de la collection n° 2, au prix de.. 25 fr.

D'autres appareils nouveaux et des modifications à ceux ci-dessus sont en cours d'exécution.

LES MOUVEMENTS

DES

CORPS CÉLESTES

ET LES

PRINCIPAUX PHÉNOMÈNES QUI EN RÉSULTENT

EXPLIQUÉS

A l'aide des nouveaux appareils cosmographiques.

1er APPAREIL.

SAISONS. — Double mouvement de la terre sur son axe et dans son orbite. — Obliquité de l'axe de la terre sur le plan de l'écliptique. — Parallélisme constant de cet axe avec lui-même. — Saisons. — Equinoxes. — Solstices. — Temps vrai, temps sidéral, temps moyen, etc., etc.

Usage de l'appareil des saisons,

LE JOUR ET LA NUIT.

Pour démontrer les phénomènes *du jour et de la nuit,* il faut remarquer d'abord que, quelle que soit la position du globe terrestre dans son orbite, il y a toujours une moitié de sa surface qui reçoit les rayons du soleil et l'autre moitié qui reste dans l'ombre ; l'inspection des deux globes représentant l'un le soleil, l'autre la terre, le montre aisément. En faisant tourner le globe terrestre sur son axe au moyen du bouton *b*, et d'occident en orient, chaque point qui était dans l'obscurité passe dans l'émisphère éclairé; et réciproquement. En suivant un point pris à la surface du globe terrestre, et en concevant un observateur placé en ce point et tournant le dos au pôle (dans l'hémisphère boréal), il verra paraître le soleil vers l'orient qui, dans ce cas, est à sa gauche. A mesure que la terre tourne, le soleil paraît s'élever au-dessus de l'horizon et s'approcher du lieu qui est en face de l'observateur, et qu'on nomme le *Sud*.

Après avoir passé au méridien, le lieu pris pour exemple continue à s'en éloigner, et l'observateur voit de plus en plus le soleil s'abaisser vers sa droite, qui est le côté de l'occident où l'astre disparaît sous l'horizon.

C'est la nuit qui commence et qui dure jusqu'à ce que, la terre ayant fait encore une demi-révolution, notre observateur se trouve revenu, par rapport au soleil, au point d'où nous l'avons supposé parti.

Midi est l'instant du jour où l'observateur voit le soleil à une égale distance du point où il s'est levé et du point où il se couchera ; dans ce même instant, les lieux de la terre qui lui sont diamétralement opposés comptent minuit.

Solstice d'été.

La cause du *changement des saisons* se démontre

en faisant faire lentement une révolution entière au globe terrestre autour du soleil. Lorsqu'on l'a fait tourner de manière à mettre le soleil dans la position où il est dit entrant dans le signe du Cancer au solstice d'été, on remarque qu'en raison de l'obliquité de l'axe de la terre le *pôle arctique* est complétement éclairé par les rayons du soleil, tandis que le pôle antarctique se trouve dans la demi-sphère non éclairée.

On remarque encore qu'une moitié de l'équateur terrestre est éclairée, et que l'autre ne l'est pas : que, dans l'hémisphère boréal, les cercles parallèles à l'équateur sont éclairés pour une partie d'autant plus grande qu'ils s'approchent plus du pôle boréal, le cercle polaire l'est tout entier ; pour les parallèles de l'autre hémisphère, c'est l'inverse.

Il résulte de ces observations et du mouvement de rotation de la terre :

1° Qu'à l'équateur le jour et la nuit sont égaux ;

2° Qu'au cercle polaire arctique il n'y a pas de nuit, puisque aucune des parties de ce cercle ne se trouve dans sa révolution diurne dans l'hémisphère non éclairé ;

3° Qu'entre ces deux limites extrêmes il y a des moyennes : ainsi à mesure qu'on avance de l'équateur vers le pôle, la durée du jour augmente et celle de la nuit diminue ; qu'en arrivant tout près du cercle polaire arctique, peu d'instants après qu'on a vu le soleil se coucher en un point, on le voit se lever en un autre point, lesquels sont alors très-voisins du nord.

Pour l'hémisphère austral, c'est l'inverse, c'est-à-dire que, à mesure qu'on s'éloigne de l'équateur, le jour diminue et la nuit augmente d'autant ; enfin, en arrivant tout près du cercle polaire antarctique, le jour est si court, que le soleil paraît seulement un instant, puis disparaît aussitôt. C'est le solstice d'été pour notre hémisphère.

Equinoxe d'automne.

Lorsqu'on a fait mouvoir la terre dans son orbite de manière à ce qu'elle ait vu le soleil traverser le signe du Lion, celui de la Vierge, et arriver au commencement de la Balance, si l'on s'arrête, on remarque qu'alors les deux pôles sont également éclairés, que l'équateur a toujours une moitié dans la demi-sphère éclairée, et l'autre dans celle qui ne l'est pas.

Si, dans cette position, on fait tourner la terre sur son axe, un point quelconque, pris à sa surface, est moitié du temps d'une révolution dans la partie éclairée, et l'autre moitié dans l'ombre.

C'est l'équinoxe d'automne, époque de l'année où les jours et les nuits sont de douze heures pour tous les points de la terre.

Au lieu de faire traverser au soleil les trois signes du Cancer, du Lion et de la Vierge, si l'on se fût arrêté au commencement de chacun d'eux, on aurait vu que peu à peu le pôle arctique était moins éclairé, et que le pôle antarctique s'éclairait d'autant plus, et qu'ainsi la terre marchant graduellement vers le point où les jours et les nuits devaient être égaux pour toute sa surface, ils diminuaient dans l'hémisphère septentrional et augmentaient successivement dans l'hémisphère austral, pour devenir égaux entre eux lorsque le soleil entre dans le signe de la Balance.

Solstice d'hiver.

A mesure que le soleil parcourt le signe de la Balance et qu'il le dépasse, le pôle nord est moins éclairé et le pôle sud s'éclaire d'autant plus; les jours deviennent alors plus longs dans l'hémisphère austral et plus courts dans l'hémisphère boréal, jusqu'à ce que le soleil, arrivant au commencement du signe du Capricorne, soit au point qu'on nomme, dans notre hémisphère, *solstice d'hiver* : le cercle polaire arctique est dans l'obscurité et tout le cercle polaire antarctique est éclairé.

Si l'on continue à faire tourner la terre dans son orbite pendant la demi-révolution suivante, on voit les mêmes phénomènes se reproduire en sens contraire; ainsi l'on passe successivement des jours les plus courts pour l'hémisphère boréal que nous habitons à des jours égaux pour toute la terre, puis ils croissent dans cet hémisphère et diminuent dans l'autre, jusqu'à ce qu'ils soient parvenus à leur maximum de longueur, qui est le solstice d'été, décrit plus haut.

Temps vrai, temps sidéral.

En suivant attentivement ce qui s'est passé pendant qu'on a fait faire à la terre sa révolution dans son orbite, on a pu remarquer que le méridien *s*, celui qui est le plus près de la terre, restait toujours parallèle à lui-même, tandis que le méridien solaire *e* s'approchait de l'orient à mesure que la terre s'avançait, dans son orbite, d'orient en occident. La terre tournant sur son axe d'occident en orient, il est évident qu'un point pris à sa surface, sous le méridien sidéral, qui est immobile, reviendra sous ce méridien après une révolution entière ; tandis qu'un point pris sous le méridien solaire ne reviendra sous ce méridien qu'après une révolution, plus la quantité dont il s'est écarté du méridien sidéral pendant cette rèvolution.

Ainsi l'écartement de ces deux cercles montre la cause de la plus grande longueur du jour solaire comparé au jour sidéral (1).

(1) *Observation.* Le méridien sidéral doit être placé comme l'indique la figure 1re, c'est-à-dire que, la terre étant à l'un des solstices, ce méridien doit se trouver exactement sous le méri-

Equation du temps.

La différence entre le jour solaire et le jour sidéral résultant du déplacement de la terre dans son orbite, on en conclut encore que, si ce déplacement devenait nul, un point pris à la surface de la terre sous le méridien solaire ne mettrait pas plus de temps à revenir à cette position qu'un point pris sous le méridien sidéral n'en mettrait à revenir à la sienne. Ainsi le jour solaire et le jour sidéral seraient de même durée ; mais ce déplacement est tantôt plus, tantôt moins grand dans un jour ; le jour solaire est donc plus on moins long selon l'étendue de ce déplacement, le jour sidéral restant parfaitement uniforme. Cette différence de durée des jours solaires entre eux conduit à la nécessité de déterminer la durée moyenne d'un jour solaire, et cette différence entre la durée de ce jour moyen, déterminée par le calcul, et la durée plus ou moins grande des jours solaires successifs, est ce qu'on nomme l'*équation du temps*. L'inégalité de vitesse de la terre dans son orbite, contribue donc à rendre les jours solaires inégaux entre eux ; toutefois, il est d'autres éléments à considérer lorsqu'on veut calculer l'équation du temps.

dien solaire. Le méridien sidéral, étant monté à frottement gras sur la pièce qui le porte, restera dans cette position ; on ne doit pas l'en déranger.

2me APPAREIL.

PHASES DE LA LUNE.—Rotation de la lune sur son axe.

DESCRIPTION.

Le petit appareil des phases se compose seulement d'un pied qui porte la terre *i*, fig. 18. Une petite planchette horizontale porte la lune *p*. On suppose le soleil en un point *s* de l'appartement, par exemple, vers la fenêtre qui l'éclaire.

La lune est fixée à la planchette, l'espèce de figure qu'elle porte est tournée du côté de la terre. Quand à la calotte noire hémisphérique qui cache une partie de la lune, elle sert à montrer dans les différentes positions de l'astre la partie non éclairée par le soleil. Cette calotte est mobile, on la fait mouvoir à volonté sans la toucher ; mais en prenant entre le pouce et l'index de la main droite le pied cylindrique qui la porte et en le faisant tourner. Ainsi, pour faire fonctionner l'appareil posez-le sur une table, tenez de la main gauche le pied immobile, et en prenant des deux doigts de la main droite le cylindre indiqué ci-dessus faites tourner la lune autour de la terre en maintenant la calotte du côté opposé à celui où l'on suppose être le soleil.

Par cette construction, il est très-facile de faire comprendre que le même hémisphère lunaire est constamment tourné vers la terre, que la lune fait sa révolution autour de la terre d'occident en orient, ce qui cause le retard qu'on remarque chaque jour dans l'heure de son lever, ou de son passage au méridien, ou de son coucher, selon celui de ces phénomènes qu'on voudra observer ; qu'en même temps qu'elle fait une révolution sidérale autour de la terre, elle en fait une sur son axe dans l'espace de vingt-sept jours sept heures environ.

Démonstration des phases.

Faites tourner autour de la terre *t*, le plateau qui porte la lune, le pied de l'appareil restant fixé sur la table par la main gauche, et placez la lune en opposition en *p*, fig. 17, le soleil étant supposé en *s*, faites tourner à la main la calotte noire qui marque la partie non éclairée, de manière à ce que tout l'hémisphère qui est du côté de la terre soit découvert ; dans cet état, les habitants de la terre voient entièrement l'hémisphère lunaire qui est tourné du côté de notre planète.

Faites ensuite tourner la lune d'occident en orient, pour la conduire à la position *d*, et maintenez la calotte noire à l'opposé du soleil ; cette position est celle de la lune au dernier quartier ; en continuant à la faire tourner dans le même sens, et en maintenant toujours la calotte noire à l'opposé du soleil, on donnera à la lune les divers aspects qu'elle présente dans sa révolution synodique : arrivée en *n*, ce sera la nouvelle lune ; en *p*, le premier quartier : les positions 1, 2, 3, 4 marqueront les premier, deuxième, troisième, quatrième octants.

Rotation de la lune sur son axe.

En faisant tourner la lune autour de la terre, on verra que la figure par laquelle nous représentons l'un de ces hémisphères reste constamment tournée du côté de la terre ; de même que notre satellite nous présente toujours le même hémisphère.

Si l'on observe ce qui se passe pendant une révolution sidérale de la lune autour de la terre, on reconnaît qu'un observateur qui serait placé en un lieu quelconque pris sur l'équateur de notre satellite, verrait successivement tous les points du ciel, de même que si la lune eût tourné sur son axe pendant le même espace de temps, parce qu'en effet elle a accompli une révolution sur elle-même ; en suivant le jeu de l'appareil, cela devient évident.

3me APPAREIL.

ÉCLIPSES. — Obliquité de l'orbite lunaire sur le plan de l'écliptique. — Nœuds, leur rétrogradation. — Position des trois corps pour qu'il y ait éclipse. — Pourquoi il n'y en a pas à toutes les syzygies. — Révolutions synodique, sidérale, périodique. — Différences dans la durée de ces révolutions, etc.

DESCRIPTION.

Le centre de la terre décrit autour du soleil une

ellipse presque circulaire dans un plan qu'on nomme l'*écliptique*, et le centre de la lune tourne de même autour de la terre dans un plan oblique au premier. Les quantités dont l'un et l'autre s'écartent de ces plans sont trop petites pour s'en occuper ici.

Voici la construction destinée à faire comprendre les relations de ces deux plans entre eux, et le rôle que joue leur ligne d'intersection, si utile pour l'intelligence des éclipses.

Le soleil est représenté par la boule *s*, fig. 4 et 5; le plateau *e*, qui coupe le soleil en deux parties égales, représente une partie du plan de l'écliptique dans lequel se trouve le centre de la terre *t*.

L'appareil est construit de telle sorte que tout le système peut tourner autour du soleil *s*, afin de faire faire à la terre sa révolution autour de lui, comme elle la fait en un an.

Quant à la lune, qui fait sa révolution autour de la terre en vingt-neuf jours et demi, le plan de son orbite n'est incliné que de quelques degrés (5°, 8') sur celui de l'écliptique qui le coupe en deux parties égales. Le cercle découpé *c* représente l'orbite lunaire; il porte, en *l*, une petite sphère d'ivoire pour figurer la lune. Si on le fait tourner dans le sens qu'indique la flèche (d'occident en orient) (1),

(1) En effet, un spectateur placé sur la terre, dans l'hémisphère boréal, et regardant attentivement la lune, la voit tourner

on peut faire parcourir à la lune une révolution entière dans son orbite, et pendant cette révolution elle se trouvera moitié du temps d'un côté de l'écliptique, et l'autre moitié de l'autre côté. On pourrait encore dire qu'elle est tantôt au-dessus, ou au nord, et tantôt au-dessous, ou au sud, de l'écliptique représentée ici par le plateau *e*.

Dans les appareils de petite dimension, pour faire tourner la lune dans son orbite, on fait marcher avec le doigt le cercle qui la porte, et pour faire mouvoir le plan de l'orbite lunaire, et par conséquent la ligne des nœuds, il faut faire tourner le support de la terre au moyen du bouton *b* qui y est fixé et qui est placé sous le plateau de bois.

L'appareil représenté fig. 4 et 5 marche au moyen d'un système de poulies qui met en mouvement d'une part la lune autour de la terre, et de l'autre le plan de l'orbite lunaire, de manière à ce que ce plan conserve à peu près son parallélisme avec lui-même, et que le petit déplacement qui a lieu représente la rétrogradation des nœuds.

Pour mettre en mouvement cet appareil, on remarquera d'abord les deux poulies *p*, *p*, portées

de droite à gauche, ou d'occident en orient; pour le reconnaître il suffit de l'observer un jour et de remarquer une étoile très-voisine d'elle; on voit le lendemain la lune plus près de l'orient, et successivement; le jour suivant on la verra encore plus loin du point du ciel où on l'avait remarquée d'abord, ce déplacement s'effectuant toujours d'occident en orient.

par des boutons en laiton placés près de la grosse boule *s*. Ces poulies servent à donner aux cordes la tension nécessaire aux fonctions de la machine, ce qui se fait en desserrant un peu le bouton de cuivre, et en le serrant pendant qu'on écarte la poulie pour tendre la corde. Si l'on fait tourner le plateau *d* mobile autour de l'axe de la colonne *g*, en tenant immuable le pied de l'appareil (1), le mouvement est imprimé à tout le système, la terre tourne autour du soleil, la lune tourne dans son orbite, représentée par le disque découpé à jour, et en même temps les nœuds se déplacent d'orient en occident de 20° environ pour une révolution entière de la terre autour du soleil.

Les douze divisions portées par la circonférence qui entoure l'orbite lunaire représentent les signes du zodiaque, et servent à faire voir ce mouvement. Ce déplacement, qu'on nomme *rétrogradation des nœuds*, ne peut être reconnu et coïncider avec ces signes qu'en l'observant après *une*, *deux* ou un plus grand nombre de *révolutions entières* de la terre autour du soleil, afin que ces divisions soient reve-

(1) Comme on est généralement disposé à faire tourner la terre autour du soleil dans le sens inverse de celui qu'elle a réellement, et pour faciliter la mémoire à ce sujet, nous dirons qu'un observateur qui suivrait la terre dans son orbite aurait constamment le soleil à sa gauche (pour l'hémisphère boréal). Il en est de même du mouvement de la lune autour de la terre, l'observateur qui la suivrait dans son orbite verrait toujours la terre à sa gauche.

nues à la même orientation à laquelle elles se trouvaient au point de départ. Donc, si l'on fait tourner la terre *t* de la position fig. 9 à celle fig. 10, puis à celle fig. 11, en continuant la révolution autour du soleil, il faudra que la terre soit revenue exactement à la position fig. 9, d'où elle est partie, pour que le déplacement du nœud puisse être observé convenablement et se rapporter au plateau découpé qui figure l'écliptique.

Chacune de ces divisions est de 30° ; chaque nœud parcourt donc environ les deux tiers d'un signe en un an.

Il n'est pas impossible de maintenir ce cercle qui représente le zodiaque dans une orientation constante, ce qui permet de suivre des yeux et de voir à chaque instant la rétrogradation continue des nœuds ; cela complique le mécanisme et augmente le prix (1).

C'est au moyen d'une articulation double logée dans l'intérieur de la boule qui représente la terre au milieu de l'orbite lunaire que cette orbite peut tourner dans un plan oblique à son axe.

(1) Dans de grands appareils, ayant un peu plus de latitude pour le prix, j'ai fait un triple mouvement à l'aide duquel un cercle représentant le zodiaque entoure l'orbite lunaire ; ce zodiaque conserve son orientation dans l'espace de telle manière que le déplacement successif des nœuds se voit à tous les instants. Cet appareil ainsi construit est dit à trois mouvements, il fait partie de la collection n° 6.

La fig. 6 représente l'intérieur de la boule ; *t* est la demi-sphère qu'on voit à l'extérieur, *o o* sont les rayons de l'orbite lunaire, *f* est le cercle de suspension, *a* est l'axe. La fig. 12 montre l'extérieur, les rayons étant brisés.

Obliquité de l'orbite lunaire sur le plan de l'écliptique.

La lune fait ses révolutions autour de la terre dans un plan oblique à celui de l'écliptique, l'angle que forment ces deux plans est de 5° 8'. La courbe que décrit la lune est une ellipse dont la terre occupe l'un des foyers, une moitié de l'orbite lunaire est au-dessus de l'écliptique et l'autre au-dessous. La construction décrite ci-dessus représente tout cela ; toutefois, pour rendre les phénomènes plus sensibles on a été obligé d'exagérer l'obliquité du cercle découpé qui figure l'orbite lunaire, de diminuer le nombre des révolutions de la lune autour de la terre pendant que celle-ci fait un tour autour du soleil, et de remplacer l'ellipse par un cercle, etc.

Des nœuds de la lune.

Les points les plus remarquables dans une révolution lunaire sont les points *n* et *n'* qu'occupe le centre de l'astre lorsque la lune traverse l'écliptique, et qu'ainsi la moitié de cet astre se trouve au-dessus du plateau *e*, dans les différentes figures, et l'autre moitié au-dessous ; c'est ce qu'on nomme le *nœud* de la lune. Le *nœud ascendant* est celui *n* où se trouve, dans les fig. 4 et 5, la petite sphère *l* représentant la lune, parce qu'elle passe de la partie inférieure dans la partie supérieure de l'écliptique *e*.

Réciproquement, le point *n'* sera le *nœud descendant*, la lune passant de la partie supérieure dans la partie inférieure de l'écliptique.

Du mouvement rétrograde des nœuds.

Si le plan de l'orbite lunaire était immuable pendant une révolution entière de la terre autour du soleil, les nœuds se trouveraient dans la position où ils étaient pendant la révolution précédente ; mais ce plan se déplace constamment, de telle manière que les nœuds tournent d'orient en occident. Cette révolution du plan de l'orbite et des nœuds s'accomplit en dix-huit ans et demi à peu près.

Ainsi le nœud ascendant *n*, supposé correspondre à une époque à la division 0, fig. 9, correspondrait, un an après, à la division 1, puis, l'année suivante, à la division 2, et le déplacement des nœuds continuant ainsi, chacun d'eux accomplirait sa révolution en dix-huit ans et demi (et, plus exactement, en six mille sept cent quatre-vingt-huit jours et demi), et aurait parcouru toute l'écliptique dans la direction indiquée par la flèche, c'est-à-dire en sens inverse des signes.

Parallélisme approché de l'orbite lunaire avec lui-même pour des époques voisines.

Le mouvement des nœuds n'étant que de 19° 20' environ par année, égal à 3' 10'' 3''' par jour, on peut dire, sans erreur sensible, quand il s'agit de démontrer les phénomènes célestes à l'aide de nos appareils, que, pour des temps très-courts, de quelques heures, par exemple, non-seulement, comme nous l'avons dit, l'orbite de la lune reste sensiblement immuable, mais encore que la ligne des nœuds l'est également. Si l'on embrasse un intervalle de temps plus long, tel que celui d'une révolution de la lune autour de la terre, on pourra tenir compte du déplacement du plan de l'orbite lunaire et de celui de la ligne des nœuds, en supposant qu'au lieu de changements continus infiniment petits il n'éprouve de changement qu'après chaque révolution ; or, même dans ce cas, on peut encore dire que ces changements brusques seront presque nuls, et que les deux positions successives ainsi données au plan de l'orbite lunaire, au commencement et à la fin de la lunaison, feront un très-petit angle. On pourra donc considérer les deux directions données successivement à la ligne des nœuds, à la fin de deux lunaisons consécutives, comme parallèles entre elles.

Ceci étant bien entendu, nous expliquerons plus

loin pourquoi il n'y a pas éclipse à toutes les syzygies.

Révolution synodique de la lune.

Faites tourner l'orbite lunaire de manière à placer le centre de la lune en l, dans un plan perpendiculaire à l'écliptique, et passant par le centre du soleil et de la terre, fig. 9. Cette position représentera celle de la pleine lune. Le temps qui s'écoule entre le passage de la lune en cette position et son retour suivant à une position relativement la même est de vingt-neuf jours douze heures quarante-quatre minutes, à très-peu près.

Cette révolution s'appelle *révolution synodique*, ou *lunaison*, ou *mois lunaire* proprement dit.

Révolution sidérale.

La révolution sidérale de la lune est l'arc qu'elle parcourt dans son orbite pour revenir en conjonction avec une même étoile, pour l'observateur qui serait au centre de la terre, ou, ce qui est la même chose, pour revenir à une même longitude.

Cette révolution est plus courte que la révolution synodique ; la durée en est de vingt-sept jours sept heures quarante-trois minutes environ.

On peut le démontrer de la manière suivante : lorsque la terre passe de la position fig. 9 à la position fig. 10, la lune qui était en l, fig. 9, et en conjonction avec une étoile, en même temps qu'elle était en opposition avec le soleil, se retrouvera en conjonction avec la même étoile au point *l*, fig. 10, et cependant elle ne sera point encore arrivée en opposition avec le soleil ; d'où il résultera que l'arc *l l'*, qui lui reste à parcourir pour arriver en opposition, exprimera la différence entre la durée de la révolution sidérale qui est accomplie et celle de la révolution synodique qui ne l'est pas encore.

Si l'on prend un point dans les murs de l'appartement vers lequel se dirige la ligne droite qui, partant du centre de la terre, passe par celui de la lune placée en opposition avec le soleil, comme dans la fig. 9 ; si l'on fait ensuite mouvoir la terre dans son orbite, d'un arc égal à celui qu'elle parcourrait en une lunaison, et qu'on fasse faire à la lune sa révolution dans son orbite, on remarquera que la lune passera en face du point pris contre le mur, ou, ce qui est la même chose, en conjonction avec l'étoile supposée en ce point, avant d'arriver en opposition avec le soleil. Cette révolution sidérale est donc plus courte que la révolution synodique, qui ne sera accomplie que lorsque la lune sera revenue en opposition avec le soleil. Si l'on continue ainsi à faire marcher la terre dans son orbite, la chose deviendra d'autant plus sensible, c'est ce qui est exprimé par la fig. 11. En effet, un certain nombre de révolutions sidérales, trois, par exemple, s'étant accomplies depuis que la terre est passée successivement de la position *t*, fig. 9, à la position *t*, fig. 11, la lune étant arrivée en *l*, ce nombre de révolutions sidérales sera accompli, tandis qu'un nombre égal de révolutions synodiques ne le sera que quand la lune arrivera en *l'*, fig. 11.

Il faut faire ici, comme dans bien d'autres cas, abstraction des rayons des orbites terrestre et lunaire, distances trop minimes quand il s'agit de les considérer par rapport aux étoiles.

Révolution périodique.

La révolution périodique de la lune est le temps qui s'écoule entre deux passages successifs de l'astre en un même point de son orbite; si donc, on détermine l'instant auquel la lune a été observée à son nœud ascendant, par exemple, sa révolution périodique sera accomplie lorsqu'elle se trouvera revenue à ce même nœud. Sans la rétrogradation des nœuds, la révolution sidérale et la révolution périodique seraient égales, mais en raison de cette rétrogradation il est évident que la révolution périodique diffère de la révolution sidérale de toute la rétrogradation du nœud. Le mouvement de l'appareil rend cette différence palpable.

Des positions des trois corps dans les cas d'éclipses.

Pour qu'il y ait éclipse, il faut qu'à l'instant

d'une syzygie la lune se trouve à son nœud ou très-près de là ; car, si elle était au-dessus ou au-dessous de l'écliptique, la terre ou la lune ne passerait pas dans le cône d'ombre produit par l'un ou l'autre astre ; ainsi il n'y aurait pas éclipse.

L'éclipse de lune a lieu lorsque la lune, étant en opposition, vient passer dans le cône d'ombre que la terre produit du côté opposé au soleil ; il faut donc aussi qu'elle se trouve dans l'écliptique, c'est-à-dire à son nœud.

Pour montrer cette éclipse, on fera tourner l'orbite lunaire de manière à ce que les nœuds se trouvent dans la ligne droite partant du centre du soleil et traversant celui de la terre ; il suffira alors de faire passer la lune à l'opposition en la faisant tourner dans le sens qui lui est propre ; elle arrivera dans le prolongement de la ligne droite traversant le centre du soleil et celui de la terre, et par conséquent dans le cône d'ombre que forme la terre. L'éclipse commencera à la partie orientale de la lune et finira vers sa partie occidentale.

Les éclipses de lune sont vues, au même instant physique, de tous les points de l'hémisphère qui peuvent les apercevoir ; mais l'heure comptée à cet instant varie suivant la longitude des différents lieux. Pour les éclipses de soleil, il n'en est pas ainsi.

L'éclipse de soleil provenant du passage de la terre dans le cône d'ombre produit par la lune, lorsqu'elle est entre le soleil et la terre, il n'y a éclipse que pour les parties de la terre qui se trouvent dans ce cône d'ombre. Il faut donc que le centre de la lune soit, sinon rigoureusement, du moins trés-près de la ligne droite passant par le centre du soleil et celui de la terre. Cette ligne se trouve seulement dans le plan de l'écliptique.

Pour représenter la position des trois corps produisant l'éclipse de soleil, il suffit de faire tourner les nœuds de manière à les placer sur la ligne passant par les centres de la terre et du soleil *s*, *t*, fig. 3, comme on vient de les placer pour l'éclipse de lune, de faire tourner la lune dans son orbite et de l'amener en conjonction, mettant son centre à la hauteur de l'écliptique. Il y a visiblement occultation du soleil par la lune, et, selon que la lune sera un peu plus haut ou un peu plus bas, telle ou telle partie de la terre sera dans l'ombre.

Si l'on fait marcher la lune d'occident en orient, dans son orbite, il deviendra évident que l'éclipse commencera sur la terre vers l'occident et finira vers l'orient.

La terre tournant dans une ellipse autour du soleil, de même que la lune autour de la terre, les diamètres angulaires ou apparents de ces deux astres varient, et l'un surpasse l'autre à des instants divers qui dépendent de la position de la terre et de la lune dans leurs orbites.

Si donc, à l'époque d'une éclipse de soleil, le diamètre de la lune surpasse ou non celui du soleil, les divers endroits de la surface de la terre par où passe successivement le prolongement de la droite menée du centre du soleil à celui de la lune ont une éclipse totale de soleil dans le premier cas ; dans le second cas, c'est une éclipse annulaire.

Pourquoi il n'y a pas éclipse à toutes les syzygies.

Ayant mis l'appareil dans la position indiquée plus haut, fig. 6, pour représenter une éclipse de lune, c'est-à-dire la ligne des nœuds prolongée passant par le soleil, si l'on maintient l'orbite lunaire parallèle à elle-même, et qu'on fasse marcher la terre dans l'écliptique, dans le sens des signes, on voit qu'à la lunaison suivante la lune arrive à son nœud en un point *l*, fig. 7, assez éloigné du point *l'*, où elle sera en opposition. Comme elle ne peut que traverser l'écliptique et non la parcourir, aussitôt qu'elle aura quitté le point *l*, elle se trouvera au-dessus, si c'est le nœud ascendant, et, continuant à s'élever jusqu'à ce qu'elle soit en opposition en *l'*, il n'y aura pas éclipse, puisque alors elle sera beaucoup au-dessus de l'écliptique.

Ce qui vient d'être expliqué pour deux oppositions subséquentes est également vrai pour deux syzygies consécutives, seulement ce serait moins sensible.

En établissant l'appareil de manière à ce que la révolution de la terre et celle de la lune se fissent chacune dans son orbite, dans les temps très-approchés de la réalité, on pourrait représenter et déterminer les époques des éclipses pendant toute la période de dix-huit ans sept mois, puis ensuite recommencer une nouvelle période.

Mais la construction de cet appareil n'a d'autre but que de rendre l'explicationdes phénomènes cités et d'autres plus facile qu'elle ne le serait par des figures, et nullement de représenter, comme on a voulu le faire quelquefois, le mouvement des corps, leurs rapports de vitesse et de positions, choses inutiles pour l'enseignement.

4e APPAREIL.

PRÉCESSION DES EQUINOXES. — Mouvement conique de l'axe du monde autour de l'axe de l'écliptique. — Déplacement successif des pôles et des points équinoxiaux. — Différence entre la durée de l'année sidérale, et celle de l'année équinoxiale ou tropique.

Les astronomes ont constaté que l'axe du monde tournait autour de l'axe de l'écliptique dans le sens rétrograde, en décrivant un cône dont l'angle est égal à l'obliquité de l'écliptique sur l'équateur. Si l'on suit dans l'espace le mouvement de l'équateur, toujours perpendiculaire à l'axe du monde, qui est la génératrice du cône, on voit l'intersection des deux plans, l'écliptique et l'équateur, marcher constamment d'orient en occident. Cette intersection est nommée ligne des équinoxes, elle parcourt l'écliptique en 26,000 ans, soit 50'' en un an : c'est la rétrogradation de la ligne des équinoxes ou des points équinoxiaux, en voici la conséquence :

Supposons qu'en une certaine année le soleil (1) rencontre le point équinoxial du printemps et une étoile en même temps; pendant le cours de l'année suivante, ce point équinoxial aura parcouru un arc de 50'' en sens inverse du mouvement apparent du soleil qui rencontrera donc le point équinoxial après avoir parcouru dans l'écliptique 360° moins les 50'' dont le point équinoxial a rétrogradé, tandis que le soleil ne sera arrivé à voir l'étoile restée en son lieu qu'après une révolution entière de 360° juste.

Chaque année le retour du soleil à l'équinoxe précède donc la fin de sa révolution par rapport à un point fixe pris dans le ciel, c'est pourquoi ce mouvement a été nommé précession des équinoxes.

(1) Ce sont les phénomènes réels et les mouvements réels qui ont été expliqués à l'aide des appareils précédemment décrits; ici nous prenons pour un instant l'apparence en faisant tourner le soleil autour de la terre en un an, afin de rendre facile l'intelligence de la précession des équinoxes. Le phénomène une fois bien compris de cette manière, la réalité devient bien plus aisée à saisir, puisqu'il suffit d'admettre le soleil immobile et la terre tournant autour de lui, le mouvement de l'axe du monde et de l'équateur restant les mêmes.

Il s'ensuit que la révolution du soleil par rapport aux étoiles est d'une plus longue durée que sa révolution par rapport aux points équinoxiaux. La première est nommée annnée sidérale, la seconde année équinoxiale ou tropique. D'où il résulte que le retour du soleil au point équinoxial s'effectue en un temps moins long que celui qu'il emploie pour revenir en un point pris dans le ciel.

L'appareil fig. 15 et 16 peut servir à montrer que ce mouvement de la ligne des équinoxes résulte du mouvement conique de l'axe du monde autour de celui de l'écliptique, et comment la durée de l'année tropique s'en trouve modifiée.

La construction d'une machine propre à montrer simultanément le mouvement conique de l'axe du monde (et par conséquent le déplacement de l'équateur céleste) et la révolution de la terre dans son orbite est matériellement impossible. Pour expliquer le premier de ces deux phénomènes, il faut faire abstraction du rayon de l'orbite terrestre, placer la terre au centre du soleil considérée comme centre de son orbite : tandis qu'on ne peut expliquer l'année et les équinoxes sans la révolution de la terre autour du soleil ; alors il faut bien admettre sa position à l'extrémité d'un rayon en dehors du soleil. C'est pourquoi nous avons pris ici par exception l'apparence en faisant tourner le soleil autour de la terre considérée comme centre de l'univers.

L'appareil qu'on va décrire a seulement pour objet de faire comprendre la différence qui existe entre l'année sidérale et l'année équinoxiale, et pourquoi les constellations ne coïncident plus aujourd'hui avec les signes.

Un disque E, fig. 15, représente l'écliptique ; les douze signes du zodiaque sont écrits sur sa circonférence, fig. 16. Une tige A *s*, perpendiculaire au centre, figure l'axe de l'écliptique. Un anneau *e' e*, incliné de 23° environ sur l'écliptique, sera l'équateur. La tige *a s*, perpendiculaire au milieu de cet anneau, représentera l'axe du monde ; cette tige est portée par l'arc de cercle *d d*, qui n'est ici qu'un support. L'intersection de ces deux plans, constituant la ligne des équinoxes, est rendue plus sensible aux yeux par deux petits index placés à la machine. Un disque au centre *s* de l'écliptique représente la terre.

Le plateau représentant l'écliptique est fixé au pied de l'appareil ; c'est l'équateur qui est rendu mobile concentriquement avec l'écliptique.

En faisant tourner le tube de laiton L qui enveloppe l'axe de l'appareil dans le sens de l'orient à l'occident, comme l'indique la flèche, on voit marcher le plan de l'équateur, et les index qui marquent la position de la ligne des équinoxes se déplacent en même temps ; ce mouvement a lieu tel qu'il s'effectue dans le ciel.

Maintenant, pour faire fonctionner l'appareil afin qu'il représente le phénomène de la précession, il faut faire tourner le soleil autour de la terre.

Le disque *s*, au centre de l'écliptique, représentera la terre ; quand au soleil, il sera figuré par une petite boule *t*, portée par une tige mobile autour de la terre comme centre.

Si donc on fait tourner le soleil autour de la terre, d'occident en orient, en poussant avec le doigt l'une des trois petites tiges *r r r*, tandis que l'axe du monde et l'équateur seront mis en mouvement dans le sens de la flèche, on verra que le soleil n'aura pas parcouru une circonférence entière entre deux retours à l'équinoxe du printemps; et qu'il s'en faut la petite quantité dont le point équinoxial est pour ainsi dire allé à la rencontre du soleil.

Si l'on a donné à cette différence le nom de précession des équinoxes, c'est qu'en effet le point équinoxial devance la position qu'il aurait, si ce mouvement n'avait pas lieu.

Ce mouvement de chaque point équinoxial, en sens contraire du mouvement de la terre, produit évidemment une diminution dans la longueur de l'année. En effet, l'année proprement dite (*équinoxiale, ou tropique, ou usuelle*) est l'intervalle de temps écoulé entre deux passages successifs, du rayon vecteur qui unit la terre au soleil, par le point équinoxial du printemps ; cette année est donc diminuée de tout le temps qu'a mis le point équinoxial pour venir au-devant du soleil. Tandis que l'année sidérale est celle qui s'écoule entre deux retours du rayon vecteur au même point du ciel : cette année est plus longue que l'année équinoxiale de vingt minutes de temps environ que le soleil emploie à parcourir les 50'' de degré dont le point équinoxial s'est déplacé en un an.

Manière de faire mouvoir l'appareil.

On tient de la main gauche, entre l'index et le pouce, la partie cylindrique formant le support de l'appareil ; les autres doigts sont appuyés sur la base en bois pour qu'elle reste immobile pendant que l'index et le pouce feront tourner sur lui-même le cylindre de cuivre.

Amenez la ligne des équinoxes, figurée par les deux petits index, sur la division qui sépare le Bélier des Poissons, la partie la plus élevée de l'équateur étant au-dessus du Cancer. Maintenant faites mouvoir le cylindre de manière à ce que l'index, qui est entre le Bélier et les Poissons, s'avance dans les Poissons, et en même temps, de la main droite, faites faire au soleil sa révolution annuelle, en agissant, avec l'index de la même main, sur l'une des trois petites tiges qui sont disposées à cet effet autour du centre de mouvement. Enfin, en faisant avancer lentement la ligne des équinoxes, on voit qu'à chaque révolution le soleil coïncide avec cette ligne, avant d'avoir accompli une révolution entière dans son orbite.

Dans nos appareils de la collection n° 6, on fait tourner le soleil au moyen d'une petite manivelle placée dans le milieu de la hauteur de l'instrument; et l'équateur ainsi que l'axe du monde tournent en prenant, avec deux doigts de la main gauche, le disque moleté placé au-dessus de la partie cylindrique qui porte la manivelle

5me APPAREIL.

STATIONS ET RÉTROGRADATIONS DES PLANÈTES. — Mouvement de la terre et d'une planète supérieure autour du soleil. — Lieu vrai. — Lieu apparent. — Mouvement réel. — Mouvement apparent de la planète supérieure. — Stations. — Rétrogradations. — Longitude héliocentrique, longitude géocentrique.

Lorsqu'on observe le mouvement propre du soleil ou de la lune, on voit que ces deux astres s'éloignent constamment des étoiles avec lesquelles ils se trouvaient en conjonction, et l'on remarque qu'ils vont dans le sens direct, toujours en s'approchant de l'orient. Si ce mouvement n'est pas rigoureusement uniforme, il est du moins constant, et sans la moindre interruption.

Quant aux planètes, elle présentent dans leur

mouvement propre des circonstances bien différentes, et tout en accomplissant leur révolution autour du soleil dans le sens direct, on remarque cependant des temps où elle paraissent ralentir leur vitesse, s'arrêter, puis prendre un mouvement rétrograde qui va d'abord en s'accélérant, arrive à un maximum de vitesse, diminue de plus en plus, puis la planète paraît de nouveau stationnaire. Peu après on la voit se mettre en mouvement dans le sens direct avec une accélération qui va croissant jusqu'à un certain maximum, diminue ensuite jusqu'à ce qu'elle redevienne encore une fois stationnaire et reprenne un mouvement rétrograde, pour continuer ainsi avec l'excès nécessaire à l'accomplissement de sa révolution dans le sens direct. Toutes les planètes présentent ce phénomène très-remarquable.

Dans diverses positions de la planète, dans ces vitesses inégales dont elle est animée, tant dans un sens que dans l'autre, tout n'est qu'une illusion qui résulte de ce que ne tenant pas compte du mouvement de la terre, nous attribuons à la planète un mouvement qui n'est qu'une apparence produite par le déplacement de la terre dans son orbite.

Pour expliquer par un mécanisme ces diverses apparences et montrer en même temps la réalité, il fallait placer en un point central un corps représentant le soleil, faire tourner autour de lui un corps que nous supposerons la terre, puis dans un cercle d'un rayon beaucoup plus grand un troisième corps destiné à représenter une planète supérieure. Il fallait encore que le mécanisme montrât le mouvement de la planète supérieure vu soit de la terre, soit du soleil, c'est-à-dire les points du ciel où deux observateurs, supposés l'un au centre de la terre et l'autre au centre du soleil, la verraient à chaque instant.

Voici la construction de l'appareil qui représente ces phénomènes :

Deux boules *t j*, fig. 13, représentent, l'une la terre, l'autre Jupiter ; elles tournent autour d'un point central *s*, où l'on suppose le soleil. Le mouvement nécessaire est imprimé aux tiges qui les portent par un petit corps de rouage placé derrière le tableau. La vitesse angulaire de la boule *t* représentant la terre est douze fois plus grande que celle de la boule *j*, prise pour Jupiter, beaucoup plus éloignée du soleil que la terre.

Pour bien saisir le phénomène que cette machine est destinée à faire comprendre, il faut considérer non-seulement les arcs que parcourent les centres des deux boules représentant les planètes, *mais surtout les portions de la grande circonférence tracée sur le tableau et sur laquelle arrivent les deux disques g g''' portés à l'extrémité des tiges*. Cette grande circonférence représente le ciel, et les disques marqueront les points dans lesquels la planète Jupiter serait vue en un même instant par deux observateurs placés, l'un dans le soleil, l'autre sur la terre.

Supposons la terre en *t* et Jupiter en *j*. Jupiter sera vu de la terre suivant la droite *t j*, dont le prolongement percera le ciel en *g*. Jupiter semblera donc être dans le ciel en *g*, et, pour l'exprimer mécaniquement, nous avons terminé cette droite *t j g* par un petit disque *g* qui représente la position apparente de Jupiter pour l'observateur placé au centre de la terre.

Faisant marcher les deux planètes dans le sens où elles se meuvent réellement, c'est-à-dire d'occident en orient, comme les flèches l'indiquent, et amenant la terre au point *t'*, Jupiter, étant à la position *j'*, paraîtra occuper dans le ciel la position *g'*.

Pendant que ce mouvement s'est opéré, la suite des positions apparentes dans le ciel a marché dans le même sens que Jupiter lui-même et que la terre, d'occident en orient ; mais, à partir de ce moment, l'apparence va changer.

La terre étant arrivée en un point *t'*, tel que la tige *t'*, *j'*, *g'*, soit tangente à l'orbite terrestre, qui dans notre machine est un cercle, on peut remarquer que dans les positions précédentes, très-voisines de celle-là, la tige qui joint la terre à Jupiter n'a pas sensiblement changé de direction. On peut remarquer aussi que dans les positions suivantee voisines de la tangente, cette ligne de jonction a une direction à peu près la même que celle de la tangente. La position apparente *g'* semble donc stationnaire pendant quelques jours ; mais, après avoir dépassé ces positions, la ligne de jonction représentant la direction dans laquelle on voit Jupiter dans le ciel, tourne, et le disque qui représente la position apparente de Jupiter rétrograde de l'orient vers l'occident.

Cette rétrogradation apparente continue jusqu'à ce que la terre atteigne la position *t''* ; alors, Jupiter étant en *j''*, la terre le voit en *g''*. La ligne de jonction *t''*, *j''*, *g''* est donc une seconde fois tangente à l'orbite terrestre, et de même que précédemment, Jupiter paraît stationnaire en *g''*.

Mais, peu après, la terre s'avançant de *t''* en *t*, le disque *g''* reprend son mouvement vers l'orient jusqu'à ce que la terre et Jupiter soient de nouveau dans deux positions respectives analogues à *t'*, *j'* ; alors il y a station, puis rétrogradation, et ainsi de suite.

Il nous reste à parler d'un second disque *g'''* qui parcourt d'un mouvement uniforme la circonférence représentant le ciel, et qui se trouve plus près du tableau que celui désigné précédemment. Il est évident, par la construction de la machine, qu'il montre la position qu'occuperait Jupiter dans le ciel vu du soleil. Ces deux disques coïncident toutes les fois que la terre, Jupiter et le soleil sont sur une même ligne droite, c'est-à-dire lorsqu'il y a conjonction ou opposition. Le mouvement de la machine montre encore que pour toutes les autres situations respectives les deux disques ne coïncident pas. Cette différence explique celle qui existe entre la longitude héliocentrique qui mesure le mouvement angulaire de la ligne qui joint Jupiter au soleil, et la longitude géocentrique qui mesure celui de la ligne qui joint Jupiter à la terre.

Cette machine a pour objet de représenter les stations et rétrogradations, et le mouvement apparent, tantôt accéléré, tantôt retardé, des planètes.

La fig. 14 représente le rouage qui produit les effets ci-dessus. A est un pignon de quinze ailes engrenant dans la roue B de soixante dents qui mène la roue B' de même nombre; celle-ci est montée sur un canon qui roule sur un axe fixé au tableau. Sur ce canon tourne un autre canon qui porte la roue C de quatre-vingt-seize dents: elle est menée par le pignon P, de huit ailes, sur lequel est rivée la roue B. L'axe du pignon A porte, derrière le tableau et en dehors, une petite manivelle ou bouton servant à imprimer le mouvement à tout le système.

Les disques représentant la terre et Jupiter sont fixés sur des canons qui s'ajustent sur ceux qui portent les roues. De cette construction il résulte que la vitesse angulaire de la roue B' portant la terre est douze fois plus grande que celle de la roue C portant Jupiter.

6me APPAREIL.

LIBRATIONS DE LA LUNE. — Parallélisme de l'axe lunaire avec lui-même. — Libration en latitude et en longitude.

En observant la lune, comme on peut le faire à l'œil nu et sans aucun instrument, elle nous présente toujours le même hémisphère, et nous sommes portés à croire qu'une ligne droite partant du centre de l'astre et passant par le centre de l'hémisphère visible pour nous, se dirige constamment vers le centre de la terre.

Mais lorsqu'au lieu de cette observation vulgaire on en vient à des observations exactes, en s'aidant des instruments nécessaires, on reconnaît bientôt que ce point, considéré comme central, s'élève et s'abaisse alternativement d'une petite quantité, et qu'en outre, il est tantôt plus près du bord oriental de la lune que du bord occidental, et réciproquement.

Le premier de ces deux mouvements est nommé libration en latitude, le second, libration en longitude

Il y a un troisième mouvement apparent de la lune nommé libration diurne qui nous semble encore déplacer le centre de l'hémisphère lunaire.

Libration en latitude

On a vu que le changement des saisons (page 20), résultait de ce que l'axe de la terre n'était pas perpendiculaire à l'écliptique, et qu'ainsi dans une révolution de notre globe autour du soleil, celui-ci éclairait tour à tour l'un et l'autre pôle en un an. La lune tournant autour de la terre de même que celle-ci se meut autour du soleil, et l'axe de la lune n'étant pas perpendiculaire à son orbite, mais un peu incliné, et restant toujours parallèle à lui-même pendant une révolution de la lune autour de la terre, nous voyons alternativement l'un et l'autre de ses pôles. Ainsi, si nous observons une tache au centre de l'astre quand la lune est dans l'écliptique, cette tache nous paraîtra ensuite plus haute ou plus basse, selon que la lune passera au-dessus ou au-dessous de l'écliptique. En même temps, les points qui sont près des pôles de l'astre disparaîtront et reparaîtront successivement, c'est la libration en latitude.

Libration en longitude.

Le mouvement qui vient d'être décrit n'est pas le seul, il en est un autre qui porte le centre de l'hémisphère visible tantôt vers l'orient, tantôt vers l'occident. En effet, le mouvement de rotation de la lune sur son axe étant parfaitement uniforme, et le mouvement de translation de l'astre dans son orbite ne l'étant pas, et ces deux révolutions s'accomplissant en 27 jours 8 heures environ, elles ne peuvent être d'accord dans tous les instants. Le mouvement de rotation doit être tantôt en avance et tantôt en retard sur le moment de révolution ; de là, il résulte que nous voyons alternativement du côté oriental et du côté occidental, un petit fuseau de l'hémisphère opposé à celui qui regarde la terre.

Démonstration.

L'appareil destiné à montrer ces phénomènes est tellement simple qu'il n'est pas même besoin d'un dessin.

Près du centre d'un plateau est une boule figurant la terre. La lune tourne autour de ce centre, son axe restant parallèle à lui-même par construction. La lune fait donc sa révolution dans un cercle excentrique à la terre, qui peut très-bien représenter l'orbite elliptique de la lune pour la démonstration dont il s'agit ici.

En la suivant attentivement pendant cette révolution, on remarque que la terre voit alternativement le pôle supérieur et le pôle inférieur, c'est la libration en latitude, et qu'entre ces deux positions successives, on voit aussi un peu plus le bord oriental et alternativement un peu plus le bord occidental de la lune, ce qui explique la libration en longitude.

Quand à la libration diurne qui résulte de la position de l'observateur à la surface de la terre et non au centre, et du mouvement de rotation de celle-ci sur son axe, elle est peu importante et d'ailleurs très-facile à entendre quand on a compris les deux précédentes.

RAPPORT

Fait par M. E. Silvestre, *au nom des comités réunis des arts mécaniques et des arts économiques, sur l'écliptique mécanique présenté par* M. Henri Robert, *horloger-mécanicien, rue du Coq-Saint-Honoré,* 8.

Messieurs, les appareils uranographiques inventés pour venir en aide à l'intelligence de la jeunesse sont d'autant moins propres à l'enseignement, qu'on les destine à l'explication d'un plus grand nombre de phénomènes célestes. En effet, ces sortes d'appareils compliqués, qui déjà, naturellement, donnent une idée si imparfaite de la position et de la marche relatives des astres, obligent d'avoir recours, pour la démonstration, à un grand nombre d'hypothèses qui ne peuvent que rendre la science de la cosmographie obscure, difficile à comprendre et à retenir. On conçoit, d'ailleurs, que ces machines sont d'autant plus coûteuses et plus susceptibles de se déranger qu'elles sont composées d'un plus grand nombre de pièces différentes.

D'un autre côté, on a reconnu que des appareils simples, applicables seulement à la démonstration de quelques-uns des principaux phénomènes planétaires, peuvent servir très-utilement à l'instruction des commençants, de ceux, surtout, qui sont destinés à rester étrangers aux sciences physiques et géométriques. Plusieurs appareils de ce genre ont déjà été construits qui n'ont d'autre inconvénient que d'être encore un peu trop chers pour être adoptés indistinctement dans toutes les écoles où ils pourraient être utiles.

C'est donc en vue de remplir une lacune que M. *H. Robert*, instruit, d'ailleurs, par l'expérience que lui a donnée une certaine pratique de l'enseignement, a construit l'appareil simple et peu coûteux qu'il a appelé *écliptique mécanique*, et sur lequel nous venons aujourd'hui vous faire un rapport.

Certes, il eût été facile à M. *Robert*, un de nos plus habiles artistes, à qui deux fois vous avez décerné votre médaille d'or pour d'importants travaux d'horlogerie, de composer un appareil propre à la démonstration d'un grand nombre de phénomènes célestes; mais, connaissant les inconvénients de ce genre de machines, il n'a pas cru devoir suivre l'exemple de la plupart de ses devanciers.

Le nom d'*écliptique mécanique* que M. *Robert* a

donné à son instrument indique assez qu'il n'a eu pour but que d'expliquer les principaux phénomènes qui résultent du mouvement de la terre autour du soleil. Ainsi il se borne à démontrer d'une manière très-claire les changements des saisons, l'inégalité des jours et des nuits, la différence qui existe entre le jour sidéral et le jour solaire, le rapport des distances de la terre au soleil aux différentes époques de l'année, et un petit nombre d'autres phénomènes.

Ce qui mérite, surtout, de fixer l'attention du conseil, c'est la simplicité du mécanisme au moyen duquel la terre est entraînée autour du soleil en conservant le parallélisme de son axe. Ce mécanisme consiste en un système de deux parallélogrammes en bois, solitaires l'un de l'autre, et qui se meuvent dans l'intérieur d'une boîte carrée. On conçoit que, si, au lieu de se servir de deux parallélogrammes, on n'en avait employé qu'un seul pour arriver au même but, ce parallélogramme n'aurait pu fonctionner sans être sujet à se déformer, à moins qu'on eût donné à la règle motrice une longueur suffisante pour assurer la régularité du mouvement; ce qui aurait augmenté inutilement le volume de l'appareil.

Sur la face supérieure de la boîte qui renferme le double parallélogramme sont indiqués les signes du zodiaque, les mois de l'année, et les différentes saisons. Le soleil, représenté par une boule dorée ou par une lumière, est placé au centre d'un plateau circulaire mobile qu'on fait tourner à la main ou par le secours d'une manivelle, et qui, au moyen d'une échancrure pratiquée à sa circonférence, entraîne la terre dans son mouvement.

Pour expliquer la différence qui existe entre le jour sidéral et le jour solaire, M. *Robert* a placé autour du globe terrestre deux méridiens concentriques, l'un invariable qui représente le méridien sidéral, et l'autre qui, en s'écartant chaque jour du premier, fait connaître la différence cherchée.

M. *Robert* rend compte des distances variables de la terre au soleil d'une manière simple et ingénieuse. Il fait porter l'axe incliné de la terre par la branche horizontale d'une équerre renversée et maintenue dans le même plan que cet axe. L'équerre est entraînée par le plateau mobile en restant toujours parallèle à elle-même, et le centre de la terre se trouve transporté, comme par un excentrique, tantôt au dedans et tantôt au dehors du cercle qu'il décrirait, s'il se trouvait fixé invariablement dans le prolongement de la branche verticale de l'équerre. La position des solstices est indiquée par les points de plus longue et de plus courte distance de la terre au soleil.

Il est bon de faire observer que l'axe terrestre qui traverse de part en part la branche horizontale de l'équerre pouvant glisser à volonté dans son encastrement, le centre de la terre peut aussi monter et descendre à volonté en se rapprochant ou en s'éloignant du soleil ; d'où il suit qu'on peut approcher aussi près qu'on veut du rapport des distances réelles qui existent, aux solstices, entre le soleil et la terre.

En résumé, vos deux comités réunis, que vous avez chargés d'examiner le nouvel appareil de M. *H. Robert*, l'ont jugé très-digne de votre approbation ; aussi ont-ils l'honneur de vous proposer, messieurs, 1° de donner à l'inventeur un témoignage de satisfaction, en faisant insérer dans le *Bulletin* le présent rapport, avec la figure de l'appareil ; 2° d'appeler l'attention du ministre de l'instruction publique et celle du ministre de l'agriculture et du commerce sur un appareil qui peut servir utilement, dans tous les établissements publics des deux sexes, à l'enseignement de la cosmographie élémentaire.

Signé E. SILVESTRE, *rapporteur.*

Approuvé en séance, le 8 *mai* 1850.

Description de l'écliptique mécanique* (1), *dit appareil des saisons.

Pour comprendre les effets de cette machine, il faut d'abord expliquer comment agit le parallélogramme qui en est le principal organe.

(1) L'appareil décrit ici est celui qui a été dans le *Bulletin de la Société d'encouragement pour l'industrie nationale* de

Si l'on conçoit un parallélogramme formé de quatre règles A, B, C, D, fig. 3, pl. 1148, articulées à leurs points de jonction, que la règle A soit immobile, et qu'on fasse tourner la règle C sur l'articulation *m*, le point *n* décrira un cercle, et les trois règles marcheront ensemble, la règle C restant parallèle à la règle D, et la règle B parallèle à la règle A, restera pendant toute la révolution de ce cercle parallèle à elle-même.

Maintenant, si l'on prend, sur la règle B et sur la ligne droite qui passe par les centres des deux articulations *n*, *o*, une distance *n*, *r*, égale à *m*, *q*, placée sur la ligne droite des centres des articulations *m*, *p*, le point *r* décrira un cercle dont le centre sera en *q*, et dont le rayon sera *q r*, qui est égal à *m n*, et, pendant qu'on fera mouvoir la règle B, pour décrire ce cercle entier, elle sera, comme précédemment, toujours parallèle à elle-même.

Si l'on fixe sur cette règle, au point *r*, le support d'un globe terrestre, que l'axe de ce globe soit incliné de 66° ½ avec le plan dans lequel se meut la règle B, cet axe, étant fixé à la règle B et ne pouvant changer de position par rapport à cette

l'année 1850. C'est le premier que j'ai présenté à cette Société. Depuis lors j'en ai simplifié les éléments et l'exécution, afin de pouvoir le livrer à l'enseignement, à des prix très-modiques. (Voir les prix page XVI.)

règle, restera, comme elle, toujours parallèle à lui-même, ainsi que la règle qui le porte. Ce globe terrestre tournera autour du point *q*, et représentera ainsi le mouvement de la terre dans son orbite, si ce n'est qu'ici l'orbite fera un cercle, tandis que, dans la nature, c'est une ellipse dont le grand axe ne diffère du petit axe que d'une quantité très-minime.

Dans la nature, le soleil n'est pas au centre de l'orbite elliptique, mais à l'un des foyers. Lorsque la terre se trouve, dans son mouvement annuel, à l'une des extrémités du grand axe de son orbite elliptique, elle n'est pas à la même distance du soleil que lorsque, six mois après, elle arrive à l'autre extrémité. Le rapport simple entre ces deux distances est : : 29 : 30, différence peu sensible qui peut cependant être appréciée dans cette machine.

Le point *r*, fig. 3, décrit un cercle dont le centre est en *q*. Prenez, sur la ligne *n o*, un point *i*, à peu de distance de *r;* lorsque le parallélogramme fonctionnera, le point *i* décrira un cercle excentrique au point *q*, de telle sorte que, lorsque les quatre règles seront en ligne droite du côté K, le point *i* sera plus loin du centre *q* de toute la distance *i r*, tandis qu'en continuant la révolution du parallélogramme, lorsque les quatre règles seront en ligne droite du côté de L, il se trouvera plus près du centre q de la même quantité $i\ r$. C'est donc en plaçant le centre du soleil perpendiculairement au-dessus du point q et le centre de la terre au-dessus du point i, dont la position peut se déterminer par le calcul, que la terre décrira un cercle excentrique au point q, et représente la différence de distance qui existe entre les deux corps considérés successivement à l'un et à l'autre solstice.

La fig. 1 représente la terre au solstice d'hiver en H' et au solstice d'été en E, telle qu'elle se trouve placée par le jeu de la machine. Dans ces deux positions, l'axe de la colonne $r\ r'$ est à égale distance de l'axe de la colonne H qui porte l'image du soleil. Mais le centre de la terre, qui ne se trouve pas dans le prolongement de l'axe de cette colonne, est plus près de celui du soleil, dans la position représentant le solstice d'hiver, que dans celle qui représente la position de la terre au solstice d'été.

Le cercle excentrique substitué à l'ellipse, qui est la véritable courbe de l'orbite terrestre, diffère si peu de l'ellipsie réelle, qu'il serait impossible, dans une machine de ce genre, par les moyens ordinaires de mesurage, de constater la différence entre l'un et l'autre.

Voici les détails des autres parties. Fig. 1 et 2. A A est une grande règle en bois ou en métal portant tout le système et formant l'une des règles du parallélogramme A B C D, mobiles sur les axes *m*, *n*, *p*, *o*. Ce parallélogramme est placé sur l'un des côtés de la règle A, et sur l'autre se trouve un second parallélogramme ayant la règle A pour l'un de ses côtés, et les règles B' C' D' formant les trois autres. Les règles C et C', D et D', fig. 2, sont fixées aux axes *m p* de manière à former entre elles un angle de 90 degrés. Ce second parallélogramme a pour objet de forcer le premier à achever sa révolution entière; sans cela on ne pourrait obtenir qu'une demi-révolution. Il peut servir à la transmission du mouvement, si la machine fonctionne par un moteur ou par une manivelle.

La fig. 1 montre le globe terrestre; *r r'* est une colonne fixée sur la règle B du parallélogramme. A sa partie supérieure *r'* elle forme équerre par la partie *p'* percée pour le passage du canon dont on va parler. Le globe terrestre est traversé par un axe portant, à la partie supérieure et en dehors des cercles, un bouton *b*. Cet axe traverse les deux méridiens, ainsi que le canon G, qui appartient au méridien intérieur *s*, que nous nommerons *méridien sidéral;* le méridien solaire *e* tourne librement sur les deux canons qui appartiennent au méridien sidéral et qui se trouvent aux deux extrémités de l'axe.

Au méridien solaire *e* est attachée la fourchette F portant une tige T qui traverse le support H du soleil fixé au centre du plateau. Cette fourchette a pour objet de faire tourner le méridien *e*, et de le maintenir dans un plan passant par le soleil. I est un bouton au moyen duquel on fait tourner tout le système.

N N, fig. 1, est une boîte renfermant le mécanisme; la partie supérieure est ouverte carrément pour laisser voir le plateau P P ouvert circulairement comme l'indique la feuillure *t*. Dans cette ouverture tombe un disque qui la bouche et peut tourner sur lui-même. Le centre de ce disque se trouve dans la perpendiculaire au point *q* de la règle A, fig 2; il est percé, vers sa circonférence, pour le passage de la colonne qui porte la terre; ainsi cette colonne et le disque tourneront ensemble concentriquement au point *q*, que la force motrice soit appliquée à l'un ou à l'autre, peu importe. C'est au centre de ce disque qu'est placée la colonne H portant l'image du soleil V.

De cette construction il résulte que dans cette machine le globe représentant la terre peut tourner autour de celui qui figure le soleil, que cette révolution s'opère l'axe de la terre restant parallèle à lui-même ; et que le globe terrestre peut en même temps tourner sur son axe. La combinaison de ces deux mouvements, et la position constante de l'axe de la terre, permettront donc de démontrer tous les phénomènes qui en résultent.

RAPPORT

Fait par M. SILVESTRE, *au nom des comités réunis des arts mécaniques et des arts économiques, sur de nouvelles machines cosmographiques présentées par* M. H. ROBERT, *horloger-mécanicien, rue du Coq-Saint-Honoré,* 8.

Messieurs, M. *H. Robert*, qui déjà, l'an dernier, a soumis à votre examen un appareil propre à expliquer certains phénomènes résultant des mouvements annuel et diurne de la terre, a appelé récemment votre attention sur trois nouvelles machines destinées à représenter plusieurs autres phénomènes célestes. Les comités des arts mécaniques et des arts économiques, auxquels vous avez renvoyé ces pièces, viennent aujourd'hui vous faire connaître le résultat de leur examen.

C'est toujours pénétré de l'idée que les instruments destinés à l'enseignement de la cosmographie doivent être d'une construction simple et ne servir qu'à la démonstration d'un petit nombre de phénomènes, que M. *Robert* a exécuté les modèles que vous avez sous les yeux, et qui font suite à celui que déjà vous avez approuvé et fait décrire dans votre *Bulletin*.

Avant de faire connaître l'utilité de ces appareils, nous rappellerons qu'il ne faut les considérer que comme des moyens de parler aux yeux de personnes qui n'ont, la plupart du temps, aucune notion de géométrie élémentaire, et auxquelles, par conséquent, le langage et les procédés de la géométrie descriptive sont complétement inconnus. Ajoutons que des figures tracées sur la planche noire ou sur le papier ne sauraient donner à des commençants qu'une idée très-imparfaite du mouvement des plans, des lignes et des corps dans l'espace, et que, même pendant le seul temps employé à dessiner ces figures, les élèves, en voyant fonctionner un appareil simple et bien exécuté, pourraient déjà avoir saisi l'explication d'un phénomène,

Désignons, pour abréger, les trois nouveaux appareils de M. *Robert* par les numéros 1, 2 et 3.

Appareil n° 1. Il sert à démontrer les phases de la lune, la marche rétrograde de ses nœuds, la différence qui existe entre sa révolution synodique et sa révolution sidérale, et enfin les éclipses solaires et lunaires. A la seule inspection de l'instrument, en le faisant fonctionner surtout, on conçoit que les commençants puissent comprendre sans peine les phénomènes qui viennent d'être énumérés, puisqu'ils voient la terre tourner *directement* autour du soleil, la lune tourner aussi *directement* autour de la terre, dans un plan incliné sur l'écliptique, et le plan de l'orbitre lunaire tourner *inversement* autour d'un axe perpendiculaire à l'écliptique et passant par le centre de la terre. Incidemment ils jugent que les éclipses, en tant qu'elles sont solaires, ne peuvent être visibles que pour la partie de la terre qui est dans le cône d'ombre, tandis que celles qui cachent la lune sont vues de toutes les portions de la terre qui sont tournées vers cet astre.

Appareil n° 2. La marche des planètes semble affectée de certaines irrégularités dont il est important pour les élèves que la cause et les effets soient clairement expliqués. Quoique ces astres parcourent le ciel constamment dans le même sens, c'est-à-dire d'occident en orient, ils paraissent quelquefois s'arrêter, marcher en sens inverse de cette direction et reprendre ensuite leur mouvement primitif. La machine de M. *Robert* montre visiblement que cette illusion dépend du mouvement annuel de ces astres combiné avec le mouvement de la terre autour du soleil.

Appareil n° 3. Il est destiné à rendre compte d'un phénomène céleste assez compliqué, et à la démonstration duquel les explications verbales aidées de figures géométriques sont, pour les commençants, d'un secours presque toujours insuffisant; il s'agit de la précession des équinoxes. M. *Robert* dispose son appareil de manière que l'axe de l'équateur peut tourner autour de l'axe de l'écliptique en décrivant un cône au sommet duquel sont supposés se trouver les centres du soleil et de la terre. Pour expliquer ensuite la précession, il tient compte du rayon de l'orbite terrestre, et, plaçant la terre en regard de l'équinoxe de printemps, par exemple, il lui fait décrire sa courbe autour du soleil ; l'appareil fait voir alors comment la terre revient à son point de départ avant que sa révolution entière ne soit effectuée, par suite du mouvement rétrograde imprimé à la ligne des équinoxes.

En résumé, les trois nouveaux appareils présentés par M. *H. Robert* sont d'une construction simple et d'un usage facile, qui doivent les rendre d'un très-utile secours dans l'enseignement de la cosmographie. Telle est, du moins, Messieurs, l'opinion de vos comités. C'est pourquoi ils ont l'honneur de vous proposer de remercier M. *Robert* de sa communication, de faire connaître ses appareils, autant qu'il est en votre pouvoir, en ordonnant l'insertion, dans le *Bulletin*, du présent rapport avec figures et description ; enfin d'appeler sur ces objets objets l'attention des ministres qui ont dans leurs attributions les divers établissements où l'on s'occupe d'enseignement.

Signé E. SILVESTRE, *rapporteur.*

Approuvé en séance, le 21 *mai* 1851.

OBSERVATIONS.

La différence entre l'ellipse, véritable courbe de l'orbite des planètes et le cercle, est très-faible, c'est pourquoi on a employé ici le cercle, qui simplifie la construction sans nuire à la démonstration. L'emploi d'une courbe elliptique eût été d'autant plus inutile que, pour l'orbite de la terre, par exemple, si l'on veut la tracer rigoureusement, et qu'on place à côté un cercle, dont le rayon soit égal au rayon moyen de la courbe réelle, il sera impossible à l'œil le plus exercé de déterminer quel est l'ellipse, quel est le cercle; il faudrait prendre des mesures exactes pour y parvenir.

On a peu insisté ici sur les détails, dans la description des appareils, parce qu'il y a des différences suivant les collections, et qu'un détail très-minutieux eût été plus fatigant pour le professeur qu'il ne lui eût été utile.

Dans les appareils qui comportent des cordes, trois choses sont à remarquer :

1° Il faut avoir soin de tendre les cordes au moyen de la poulie mobile, en lâchant d'abord un peu la vis de pression, écartant la poulie pour tendre la corde et serrant ensuite la vis.

2° On doit faire bien attention à la fonction de la corde et à la manière dont elle est placée, pour pouvoir la remettre au besoin. Celle qui est sous le plateau de la pièce des éclipses, et qui fait tourner la lune dans son orbite, est la moins facile à placer. On remarquera surtout qu'elle est croisée pour obtenir le mouvement de la lune dans le sens convenable.

Elle tourne deux fois sur la petite poulie, sans cela elle glisserait sans faire tourner la lune.

3° Lorsqu'une corde est mal placée, elle peut se chevaucher, et alors l'appareil ne fonctionne pas.

Des modifications aux appareils décrits ici, ou des appareils nouveaux, demandés par MM. les professeurs, seront exécutés avec de grands soins, selon les instructions qu'ils donneront.

TABLE.

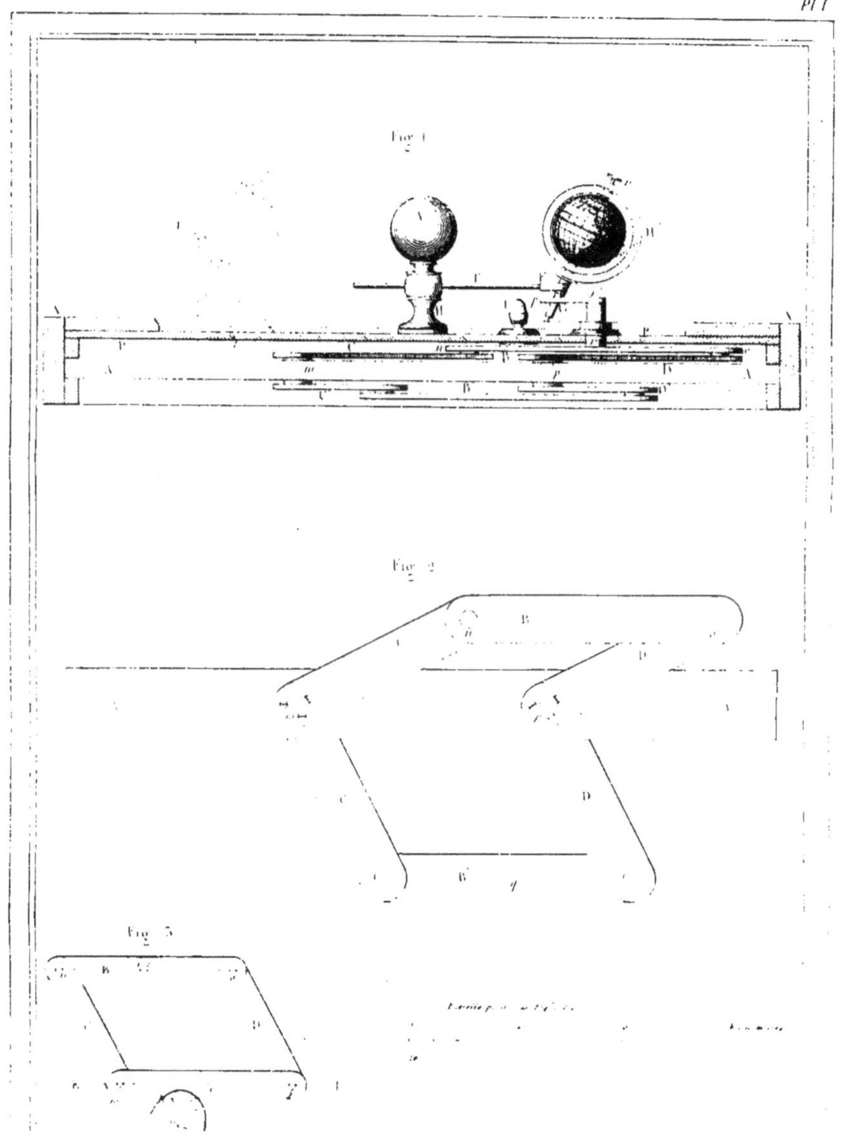
Pl. I
Fig. 1
Fig. 2
Fig. 3

Pl. II

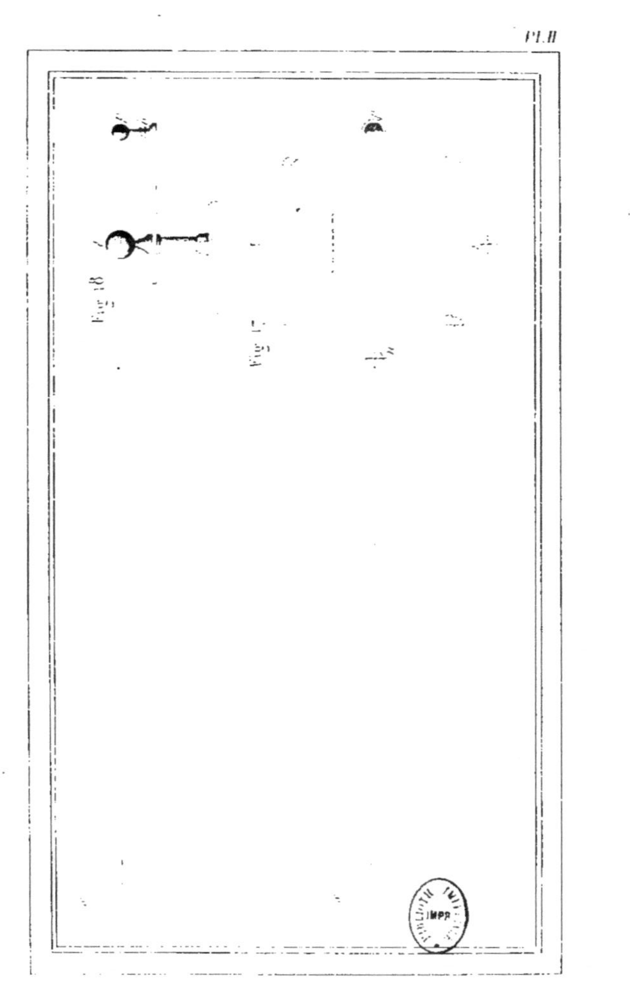

PHASES DE LA LUNE.

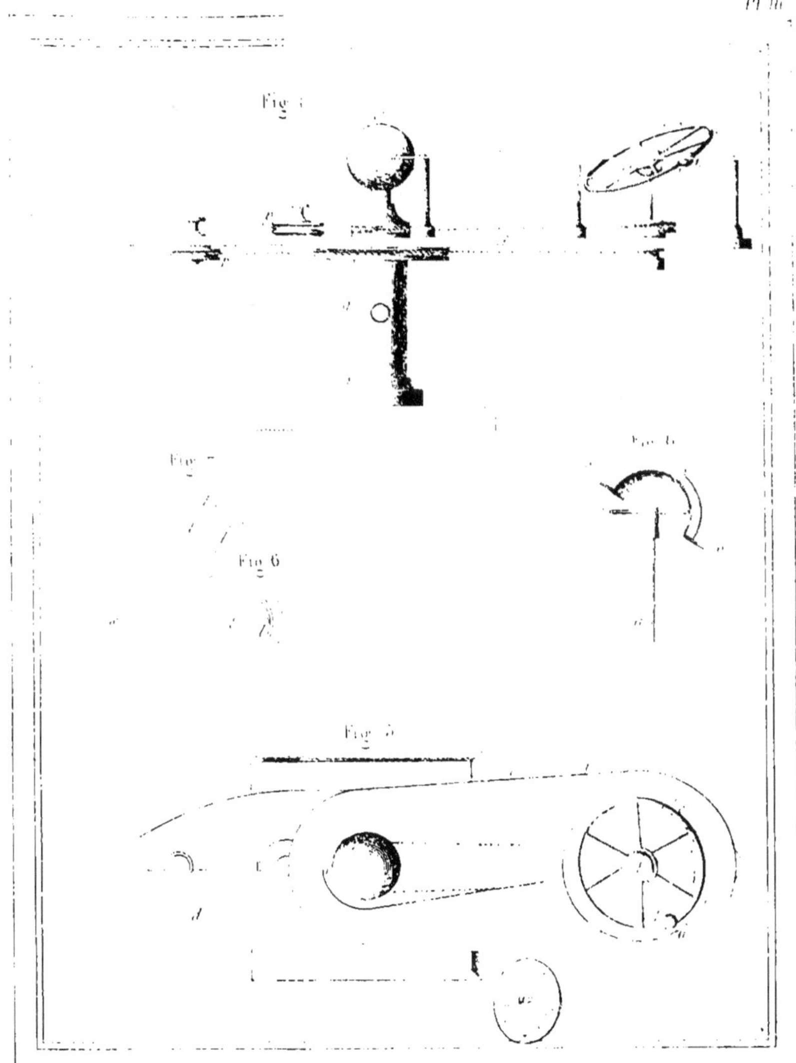

ÉCLIPSES

PL. IV.

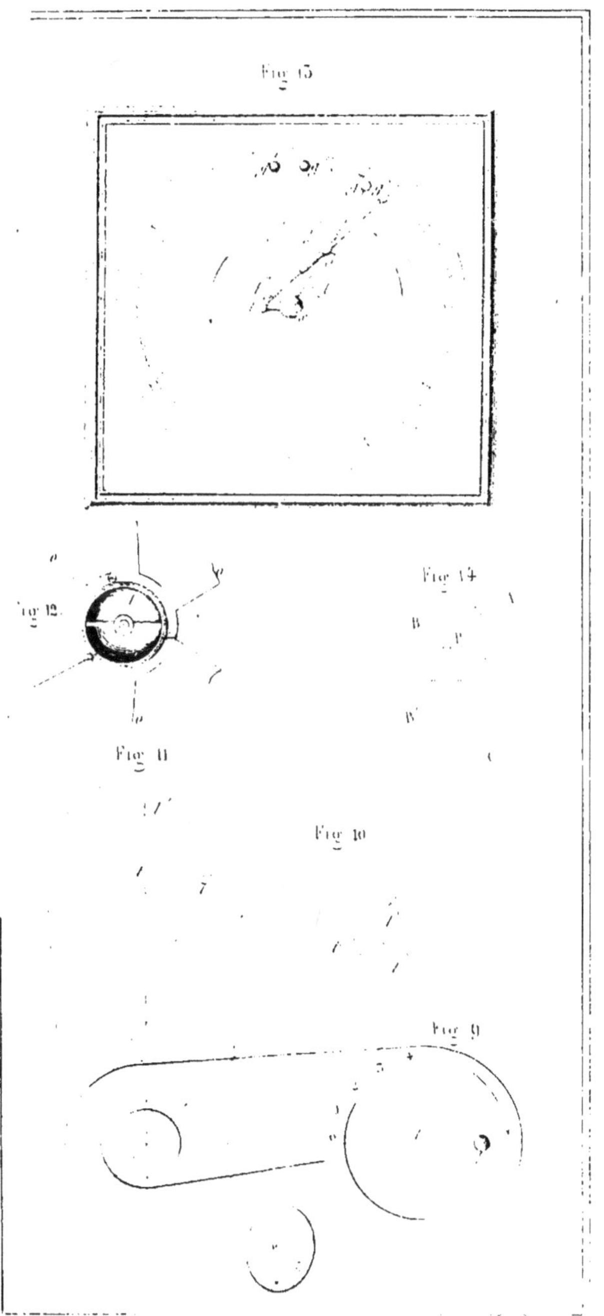

MOUVEMENT APPARENT DES PLANÈTES

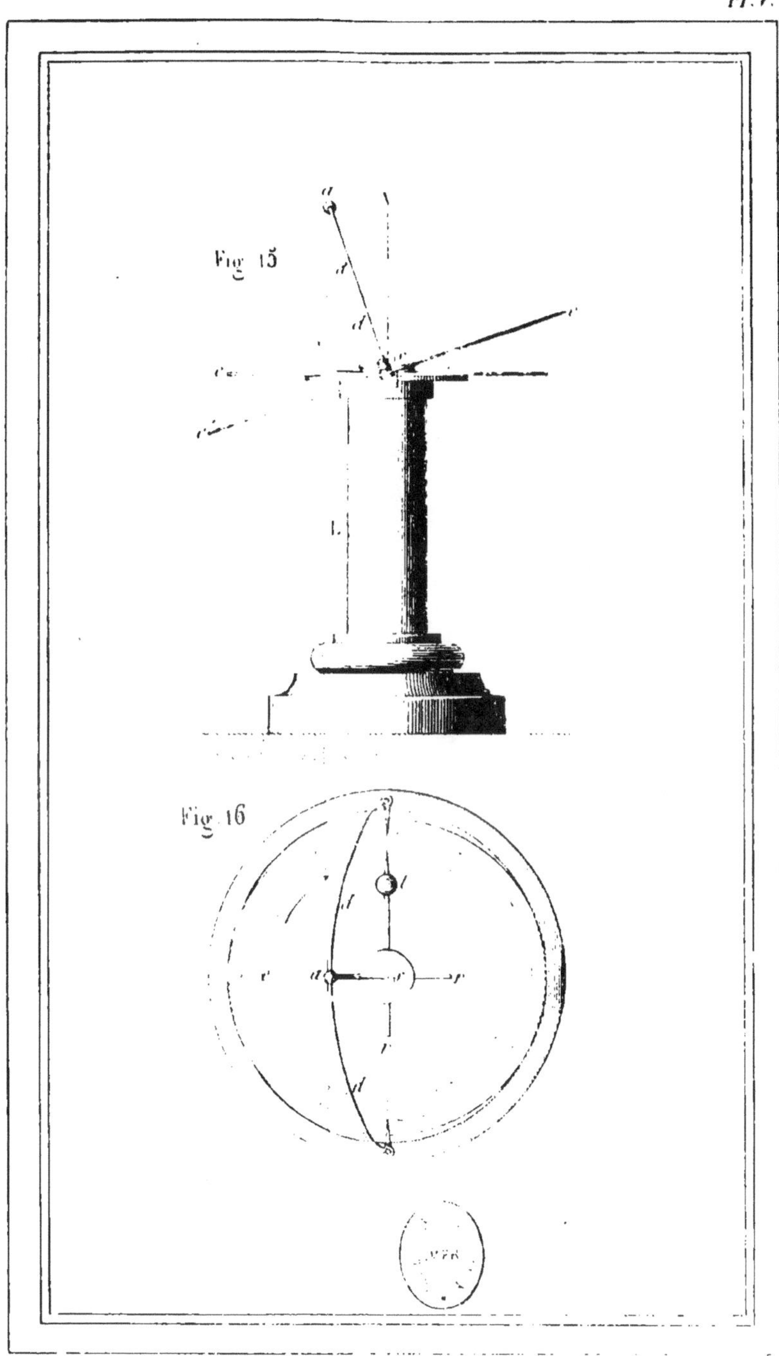

PRÉCESSION DES ÉQUINOXES.

OUVRAGES DU MÊME AUTEUR :

DESCRIPTION DES NOUVELLES MONTRES A SECONDES ou compteurs, pour l'exacte mesure du temps dans tous les cas d'observations de physique, de mécanique, courses de chevaux, etc. . . . . 4—00

COMPARAISON DES CHRONOMÈTRES ou montres marines à barillet denté avec celles à fusée, in-8°, 1839.

DESCRIPTION D'UNE NOUVELLE MONTRE MARINE plus simple et aussi précise que tout ce qui avait été fait jusqu'alors, in-4°, grande planche . . . . 2—00

L'ART DE RÉGLER LES PENDULES ET LES MONTRES, 2° édition augmentée, 1 vol. in-12. 4 planches. . . . . 3—50

Ce volume a pour objet de porter à la connaissance des jeunes horlogers les choses les plus indispensables à connaitre dans leur art, et qui se trouvent en dehors des pratiques de main-d'œuvre.

ÉTUDES SUR DIVERSES QUESTIONS D'HORLOGERIE, 1 vol. in-8° 4 planches. . . . . 10—00

CONSIDÉRATIONS PRATIQUES SUR LES HUILES employées en horlogerie. Extrait des études sur l'horlogerie. Broch. in-8° de 80 pages . . . . 1—50

IMPRIMERIE DE PILLET FILS AINÉ, RUE DES GRANDS-AUGUSTINS, 5.

www.ingramcontent.com/pod-product-compliance
Lightning Source LLC
LaVergne TN
LVHW050423160826
845677LV00002BA/513

* 9 7 8 2 3 2 9 6 9 7 6 0 4 *